Introducción

This book is about The Puppeteer's Cosmic Puzzle, a novel deck of 48 playing cards related to the standard deck of 52 in use throughout the world today. Suits in the Puzzle deck graphically answer the 6 little questions how many, why, who, what, when, and where.

Este libro trata de Rompecabezas Cósmico del Titiritero, una nueva baraja de 48 naipes de juego relacionadas con la baraja de 52 en uso en todo el mundo hoy en día. Los palos en la baraja Puzzle gráficamente responder a las 6 preguntas poco cuántos, por qué, quién, qué, cuándo y dónde.

The Puppeteer represents nature at work, and the natural order. With that, plus some abbreviation, approximation, and time-honored convention, a playing-card microcosm can be pieced together. Ancient symbols for the planets, the zodiac, and others help to indicate cosmic phenomena that can be verified by naked eye observations.

El Titiritero representa la naturaleza en el trabajo y el orden natural. Con ello, además de algunos abreviatura, la aproximación, y la convención de larga tradición, un microcosmos de naipes se combinan entre ellos. símbolos antiguos de los planetas, el zodiaco, y otros ayudan a indicar fenómenos cósmicos que pueden ser verificados por las observaciones a simple vista.

Big Answers to Little Questions is a stand-alone activity and coloring book that includes some card games. All the cards are pictured, named, and explained. The front cover shows the Puppeteer surrounded by the 36 cards in the 6 suits mentioned. The back cover shows the Puppeteer's Eye in Hand surrounded by 2 more suits that depict the 12 constellations of the ecliptic.

Grandes Respuestas a las Preguntas Poco es una actividad para colorear libro que incluye algunos juegos de cartas. Todas las naipes se representan, nombran y explican. La portada muestra el Titiritero rodeado de las 36 cartas en los 6 palos mencionados. La contraportada muestra el ojos del Titiritero en la mano rodeado por los 2 palos más que representan las 12 constelaciones de la eclíptica.

This book and the unique playing card puzzle that it's about are archived in the Playing Card Museum of France in Issy-les-Moulineaux.

Este libro y el rompecabezas naipes de juego única que sobre se archivan en el Museo de Naipes de Francia en Issy-les-Moulineaux.

Tabla de Contenido

Palos

Juegos

Poco cuantos?

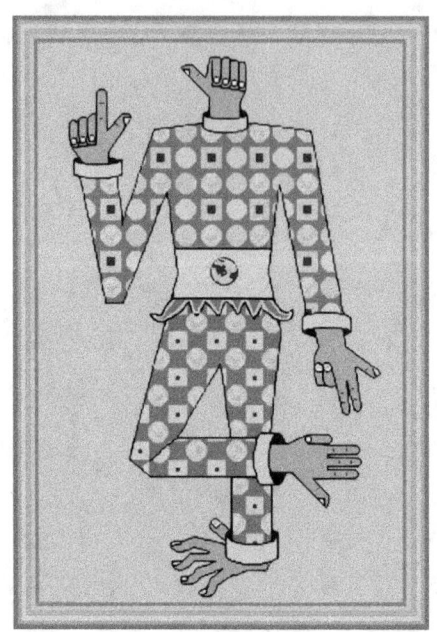

La Mano del Titiritero

The *Puppeteer* is a fanciful construct with a celestial aspect. On the one hand, great at finger counting. On the other hand, imagine this one-eyed Joker keeping the world in order, such as it is, by playing the right card at the right time, or juggling the planets to keep them in their proper orbits.

El *Titiritero* es un constructo imaginario con un aspecto celeste. Por un lado, grandes en la cuenta dedos. Por otro lado, imagina este Joker tuerto mantener el mundo en orden, tal como es, al jugar la naipe correcta en el momento adecuado, o haciendo malabares con los planetas para mantenerlos en sus órbitas correctas.

Or simply imagine this extraordinary puppeteer playing with puppets; with shoes and a life sized puppet head on, or working several little hand puppets at once, putting on quite a show.

O simplemente imaginar esta extraordinaria titiritero juega con las marionetas; con los zapatos y una cabeza de marionetas de tamaño natural en el trabajo, o varias pequeñas marionetas de la mano a la vez, poner un buen espectáculo.

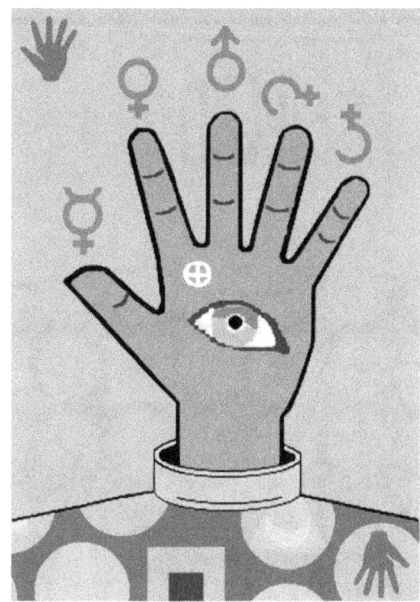

The *Eye in Hand* represents the earth, moon, and sun surrounded by the five planets visible to the naked eye. Fingers represent the planets in order of their apparent speed relative to the fixed stars, fastest to slowest left to right: thumb/1st/Mercury, index/2nd/Venus, middle/3rd/Mars, ring/4th/Jupiter, pinky/5th/Saturn.

El *Ojo en la Mano* representa la tierra, la luna y el sol, rodeado de los cinco planetas visibles a simple vista. Los dedos representan los planetas en el orden de su velocidad aparente con respecto a las estrellas fijas, rápido al más lento, de izquierda a derecha: el pulgar / 1º / Mercurio, el índice / segundo / Venus, medular / tercera / Marte, anular / 4ª / Júpiter, meneque / 5ª / Saturno.

The eye in the hand is the sun totally eclipsed by the new moon. The new moon in silhouette forms the pupil, from the Latin "pupilla", for the "little doll" or "puppet" that you see when you look closely into the pupil of an eye, a tiny reflection of yourself. This is the *Naked Eye* of the Puppeteer, a sort of cosmic person who also represents nature, order, knowledge, and teacher. We are the pupils, the twinkle in the Puppeteer's eye.

El ojo en la mano es el sol totalmente eclipsado por la luna nueva. La luna nueva en silueta forma la pupila, de "pupilla" en Latin, para la "pequeña muñeca" o "títere" que se ve cuando se mira de cerca a la pupila de un ojo, una pequeña reflexión de sí mismo. Este es el *Ojo Desnudo* del Titiritero, un tipo de persona cósmica que también representa a la naturaleza, el orden, el conocimiento, y el maestro. Somos los alumnos, el brillo en el ojo del Titiritero.

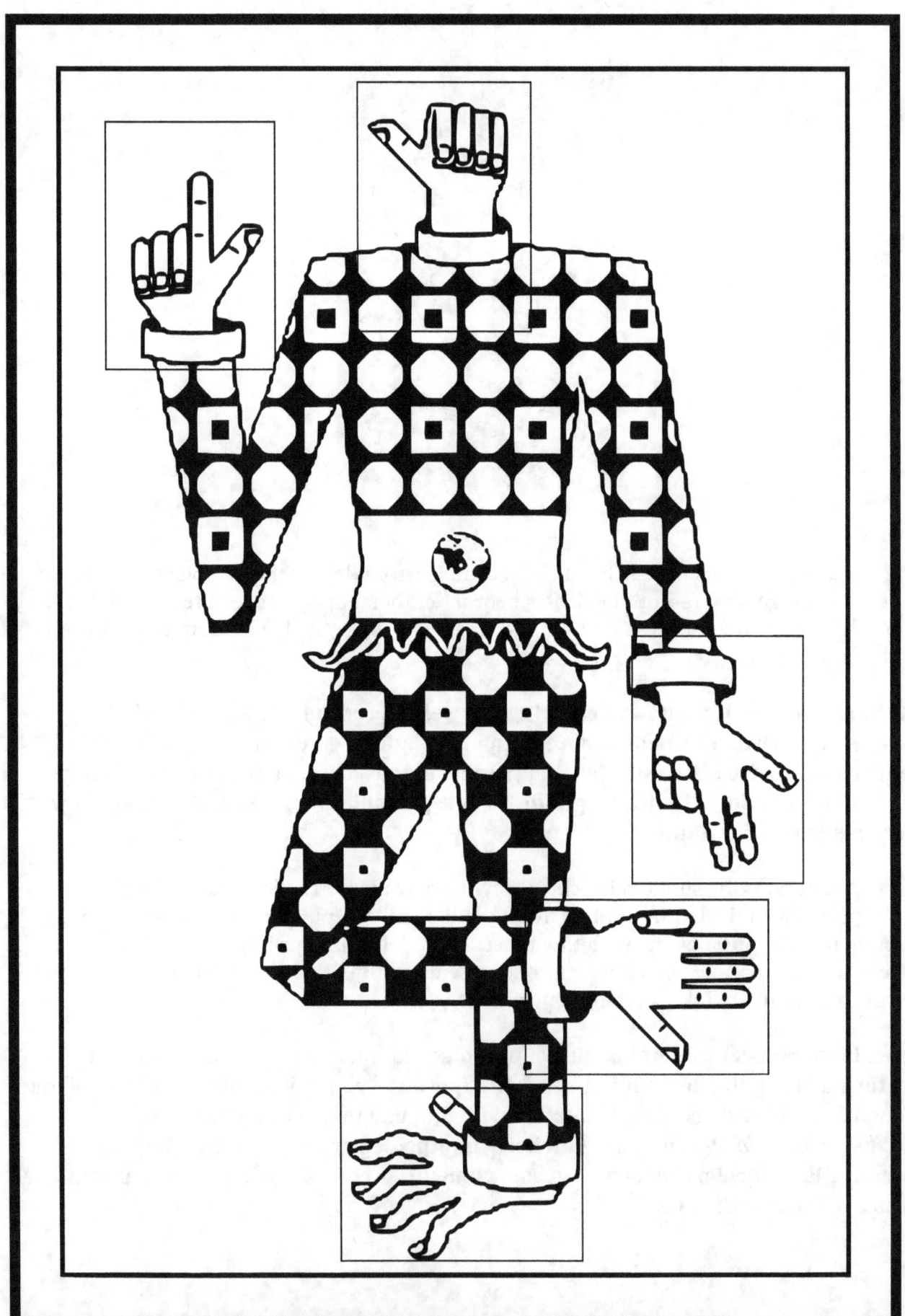

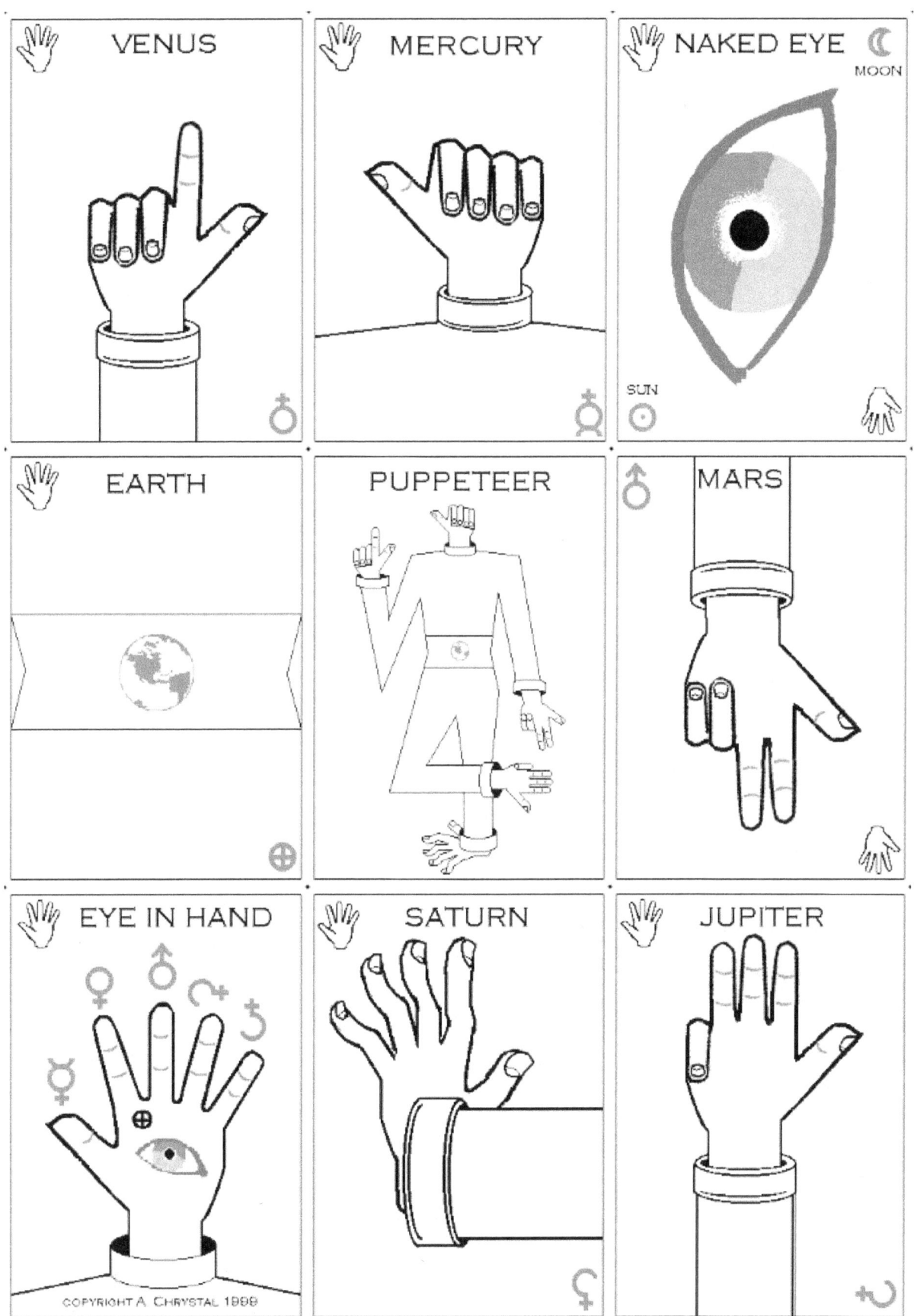

Por Que?

Evolucion

Because for a long long time exactly the right conditions have existed for us to become conscious of ourselves on this planet full of life, here and now.

Debido a que durante mucho tiempo han existido exactamente las condiciones adecuadas para que seamos conscientes de nosotros mismos en este planeta lleno de vida, aquí y ahora.

Incorporating the influence of the sun and moon, life as we know it has evolved on land and sea over vast stretches of time.

La incorporación de la influencia del sol y la luna, la vida tal como la conocemos ha evolucionado en tierra y mar a través de vastas extensiones de tiempo.

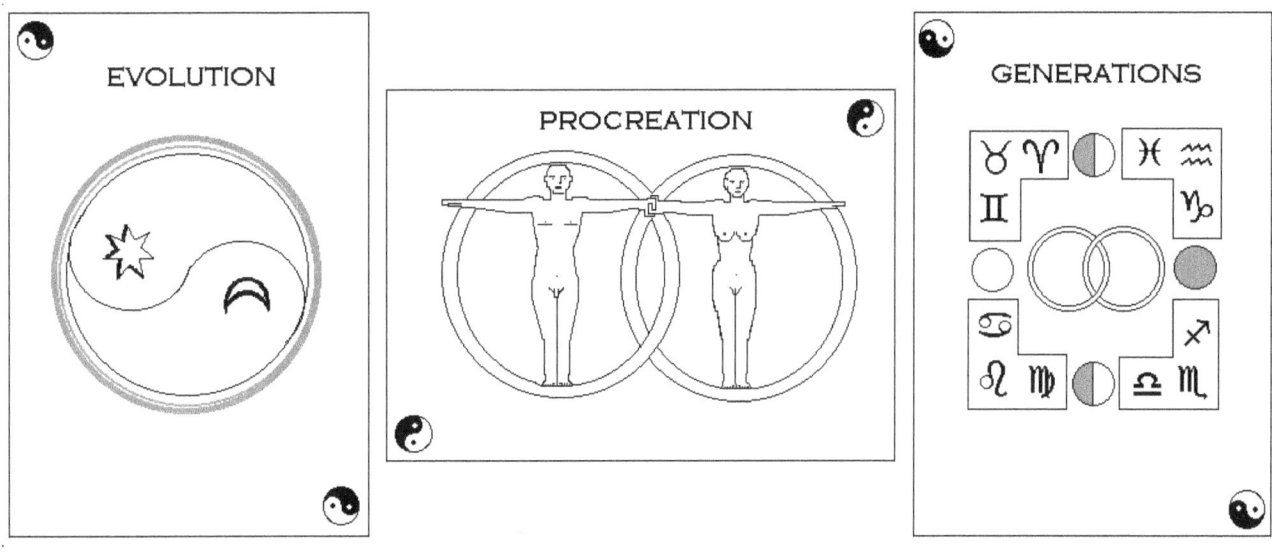

The interlocking rings represent the union of male and female that perpetuates human life by natural reproduction and parenting.

Los anillos entrelazados representan la unión de hombre y mujer que perpetúa la vida humana mediante la reproducción natural y la crianza.

Time-honored convention associates the life span with the round of seasons and the lunar cycle. To illustrate this association *Generations* positions the moon's quarter phases roughly where the sun appears on the ecliptic at the solstices and equinoxes. Solstices are when the days are shortest or longest. Equinoxes are when days and nights are equal in length.

De larga tradición convención asocia la duración de la vida con la ronda de las estaciones y el ciclo lunar. Para ilustrar esta asociación *Generaciones* posiciona fases trimestre de la luna más o menos donde aparece el sol en la eclíptica en los solsticios y equinoccios. Solsticios son cuando los días son más cortos o más largo. Equinoccios son cuando los días y las noches son iguales en longitud.

quien?

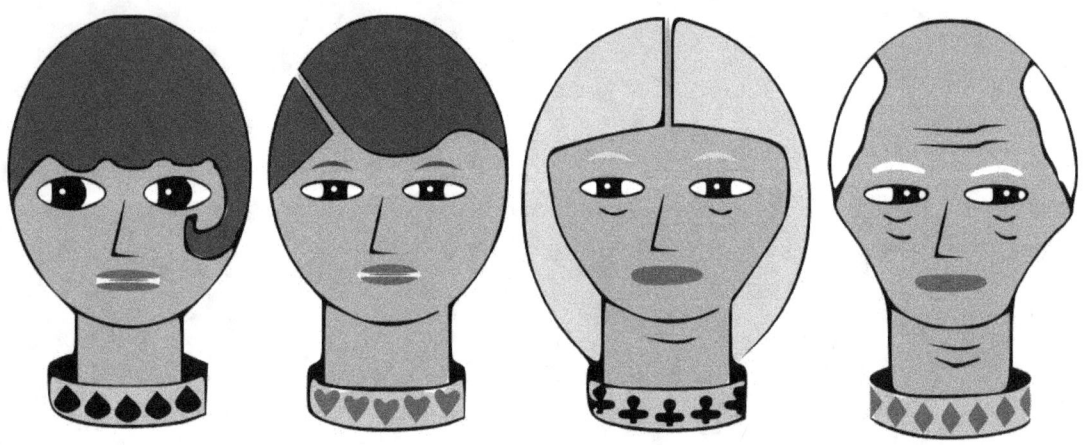

Generaciones

Life goes on generation after generation. A long life is likely to include 4 "hoods": childhood, parenthood, grandparenthood, and greatgrandparenthood. These are associated with 4 weeks in a month and 4 seasons in a year. The beginning and end of a lifetime are associated with the new moon, which is usually hidden in darkness and only revealed during a solar eclipse.

La vida pasa de generación en generación. Una larga vida es probable que incluya 4 period: la infancia, la paternidad, en abuelos, y uno mas. Estos están asociados con 4 semanas en un mes y 4 estaciones en un año. El principio y el final de su vida se asocian con la luna nueva, que generalmente se oculta en la oscuridad y sólo reveló durante un eclipse solar.

We all share earth's biosphere, month after month, year after year, as long as we live.

Nos biosfera todas las acciones de la tierra, mes tras mes, año tras año, siempre que vivimos.

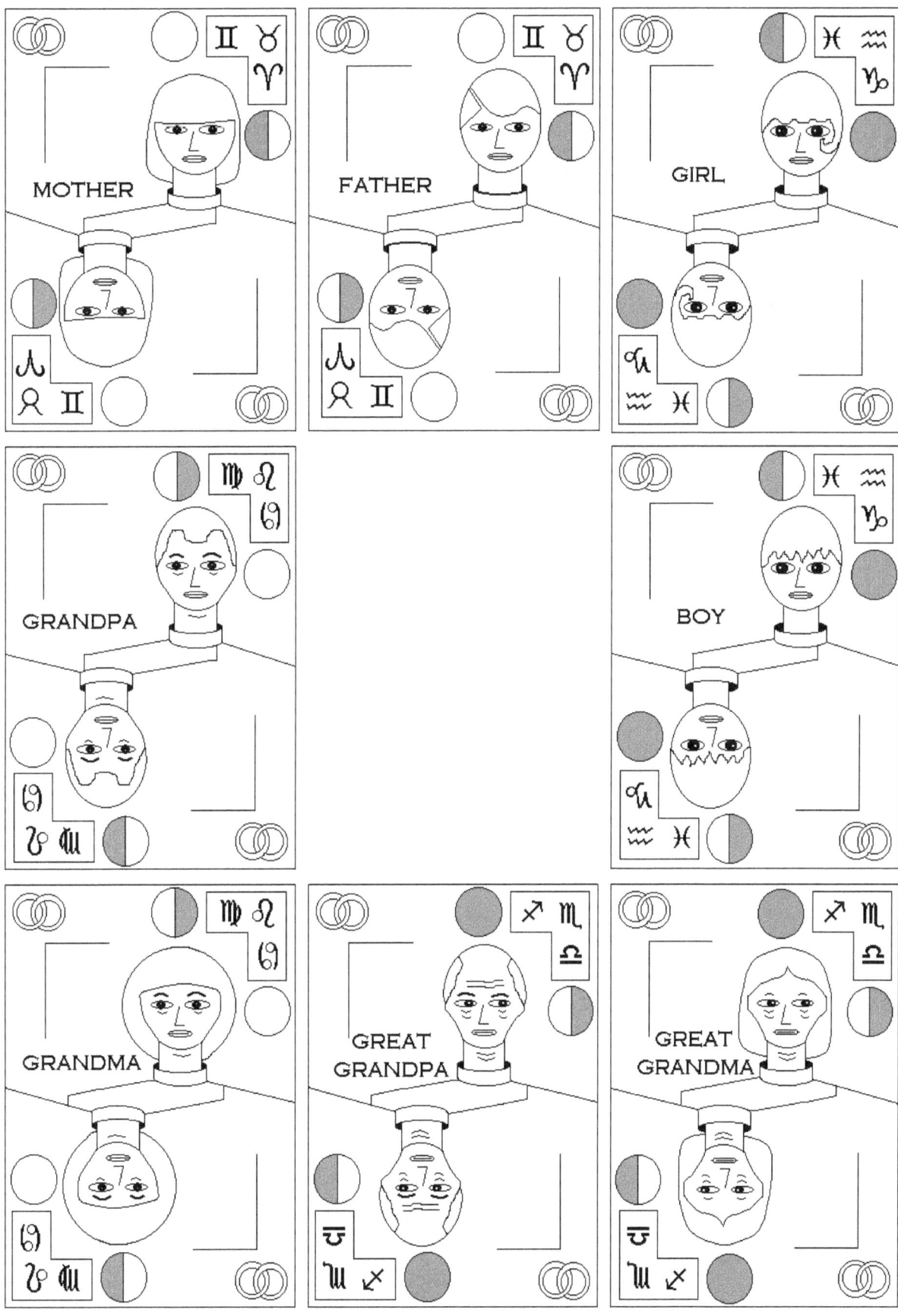

Qué?

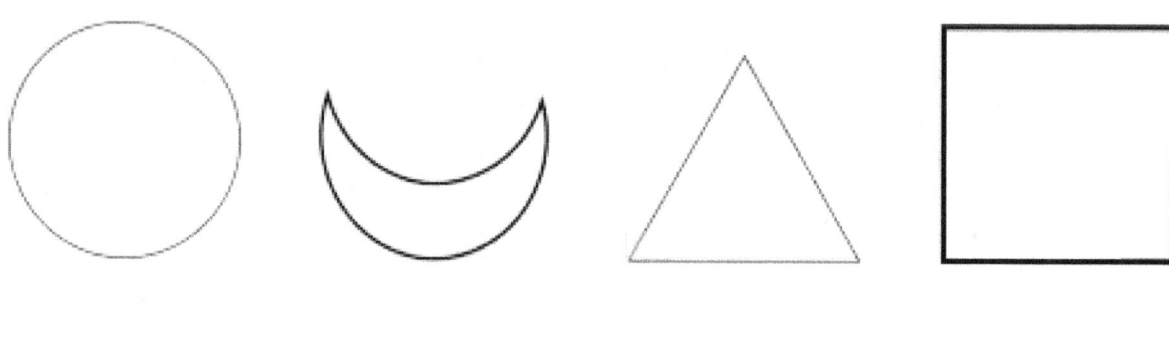

Elementos

The old theory that all things are made out of the four elements *Earth, Water, Fire,* and *Air* is true enough as far as it goes. Some ancients organized their thinking this way while others proposed an atomic theory.

La vieja teoría de que todas las cosas están hechas de los cuatro elementos: *Tierra, Agua, Fuego* y *Aire* es bastante cierto en lo que va. Algunos antiguos organizaron su pensar de esta manera, mientras que otros propusieron una teoría atómica.

The symbols for the elements used here are from eastern traditions. They are constructed of 1, 2, 3 or 4 circular or straight lines. This order is the basis for associating the elements and other components of the Puzzle such as the 4 seasons, and the 4 generations, as well as the 4 suits in a standard deck of 52 playing cards.

Los símbolos de los elementos utilizados aquí son de las tradiciones orientales. Se construyen de 1, 2, 3 o 4 líneas circulares o rectas. Esta orden es la base para asociar los elementos y otros componentes del Rompecabezas tales como las 4 estaciones, y las 4 generaciones, así como los 4 palos de una baraja de 52 naipes.

Note that the Puzzle uses the crescent both as a symbol for the element *Air,* and as a sign for the moon.

Tenga en cuenta que el Rompecabezas utiliza tanto la media luna como símbolo para el elemento *Aire*, y como muestra de la luna.

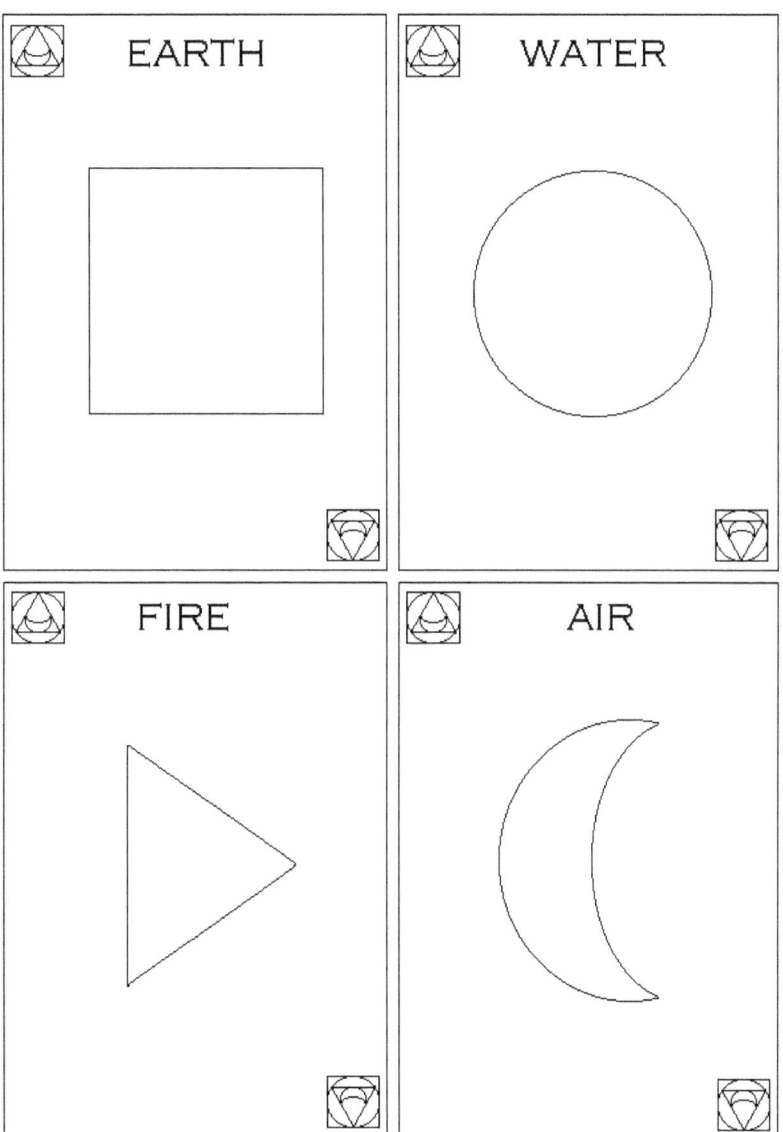

cuando?

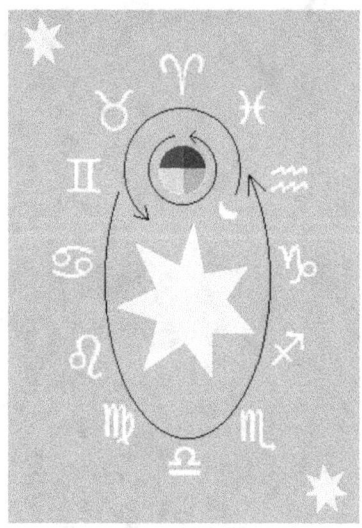

calendario

Everything takes time. When objects move through space at a constant rate the distance traveled is analogous to the time elapsed, like the hands of a mechanical clock. The hour hand of a 24-hour clock mimics the sun's apparent daily motion through the sky.

Todo lleva su tiempo. Cuando los objetos se mueven a través del espacio a una velocidad constante la distancia recorrida es análogo al tiempo transcurrido, como las manecillas de un reloj mecánico. La aguja de las horas de un reloj de 24 horas imita el movimiento diario aparente del sol a través del cielo.

A few centuries ago it became widely accepted that the apparent motions of the sun and moon are due to the daily rotation of the earth on its axis, the monthly orbit of the moon around the earth, and the yearly orbit of the earth/moon pair around the sun, all turning and spinning in the same direction.

Hace unos siglos que llegó a ser ampliamente aceptado que los movimientos aparentes del Sol y la Luna se deben a la rotación diaria de la Tierra sobre su eje, la órbita mensual de la luna alrededor de la tierra, y la órbita anual de la pareja Tierra / Luna alrededor del sol, todo girando y girando en la misma dirección.

The moon goes through its phases in about 28 days. A quarter of the lunar cycle is about 7 days, one week. The days of the week are associated with the sun, moon, and five planets visible to the naked eye. To order them fastest to slowest by angular velocity (their apparent speed relative to the fixed stars), start with the moon and go counter clockwise skipping every other one: Moon, Mercury, Venus, Sun, Mars, Jupiter, Saturn.

La luna pasa a través de sus fases en unos 28 días. Una cuarta parte del ciclo lunar es de aproximadamente 7 días, una semana. Los días de la semana se asocian con el sol, la luna y cinco planetas visibles a simple vista. Para ordenarlos rápido al más lento por la velocidad angular (su velocidad aparente con respecto a las estrellas fijas), comenzar con la luna e ir hacia la izquierda saltarse cualquier otro uno: Luna, Mercurio, Venus, Sol, Marte, Júpiter, Saturno.

Lunar and solar cycles are not whole numbers of days in duration. A solar cycle is not a whole number of lunar cycles. The most accurate calendars have 365 days in most years. Another day is still needed every so often to catch the calendar year up with the actual time it takes for the sun to return to the same point on the ecliptic.

Lunar y los ciclos solares no son números enteros de días de duración. Un ciclo solar no es un número entero de ciclos lunares. Los calendarios más precisos tienen 365 días en la mayoría de los años. Otro día todavía es necesario de vez en cuando para coger el año natural con el tiempo real que tarda el sol para volver al mismo punto de la eclíptica.

When the apparent sizes of the sun and moon are identical and they intersect perfectly on the ecliptic, the sun's dazzling white corona appears to encircle the new moon. You may see planets and bright stars during the day, and wonderful colors circling the horizon. On earth it can be viewed with the naked eye during totality which may last just a few moments, or more than 7 minutes.

Cuando los tamaños aparentes del Sol y la Luna son idénticos y se cortan perfectamente en la eclíptica, la corona blanca y deslumbrante del sol parece rodear a la luna nueva. Es posible ver los planetas y las estrellas brillantes durante el día, y maravillosos colores rodeando el horizonte. En la tierra que puede ser visto a simple vista durante la totalidad que puede durar tan sólo unos minutos, o más de 7 minutos.

The timing and positioning of a total *Solar Eclipse* depends on the combined motions of the moon, the sun, and the earth. Predicting them has been a preoccupation of astronomers for millennia. Total solar eclipses don't repeat neatly in any one earthly location, but often recur after about 54 years, and about 1000 kilometers west of one in the same Saros series. Ancient records of eclipses have been used to precisely date events in the remote past when other means are inconclusive.

El tiempo y posicionamiento de un total *Eclipse Solar* depende de los movimientos combinados de la luna, el sol, y la tierra. La predicción de ellos ha sido una preocupación de los astrónomos desde hace milenios. Los eclipses solares totales no se repiten de forma ordenada en un punto cualquiera situado terrenal, pero a menudo reaparecen después de unos 54 años y unos 1000 kilómetros al oeste de la una de la misma serie Saros. Los registros antiguos de los eclipses se han utilizado para eventos con precisión la fecha en el pasado remoto cuando otros medios no son concluyentes.

1ST QUARTER

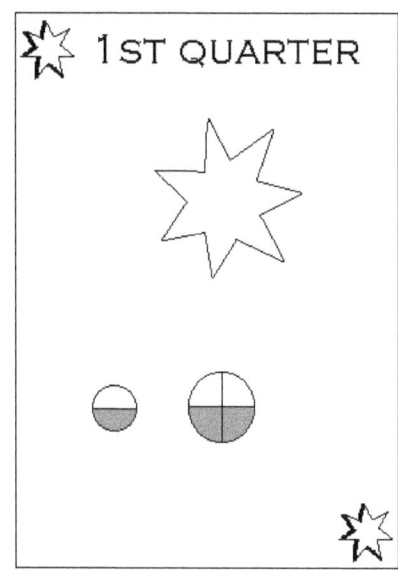

YEAR

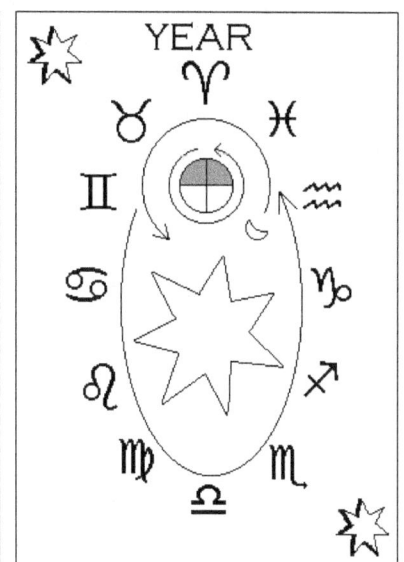

NEW MOON

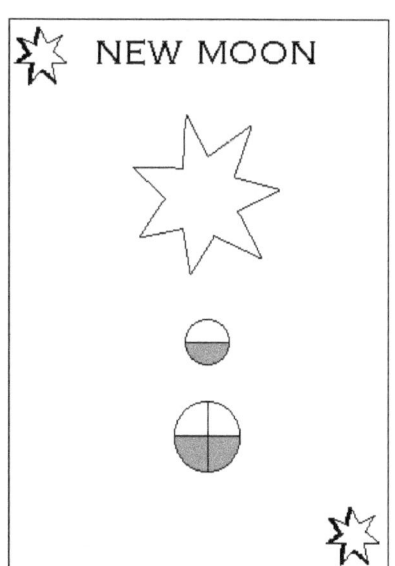

MONTH

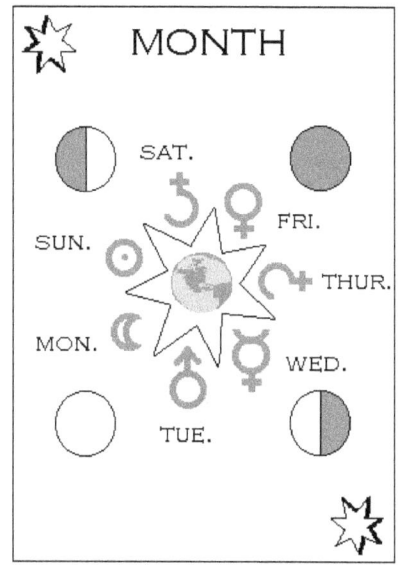

FULL MOON

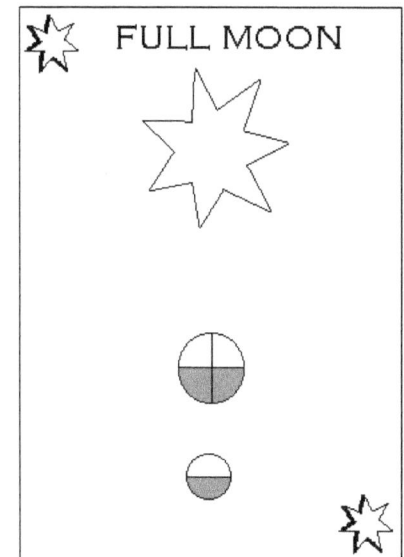

SOLAR ECLIPSE

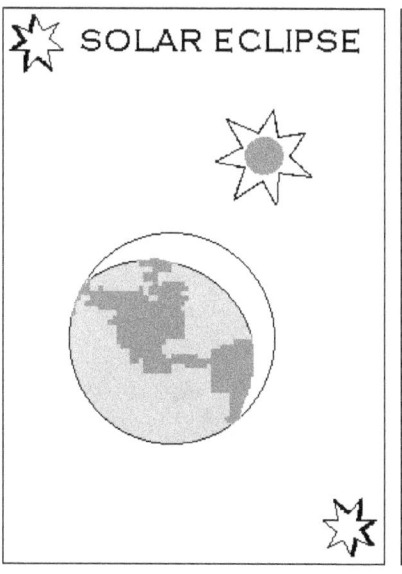

3RD QUARTER

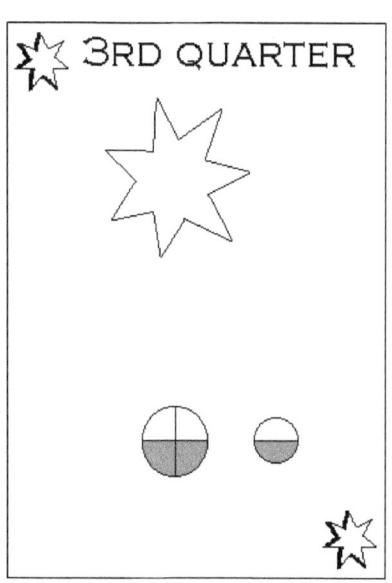

Donde?

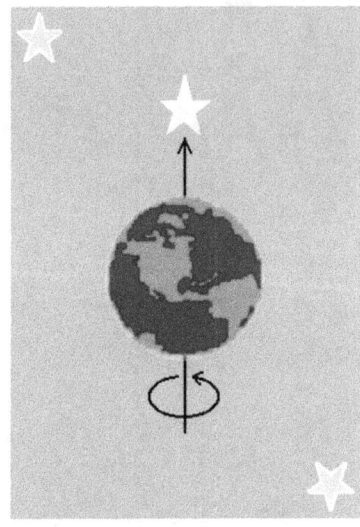

Compas

At night the sky full of heavenly bodies appears to slowly circle the poles. In the north there is one pole star that doesn't appear to move. The sun and often the moon appear to circle the same way during the day, rising in the east and setting in the west. This apparent celestial circling motion is due to the rotation of the earth around its *Polar Axis*, west to east.

Por la noche el cielo lleno de cuerpos celestes aparece en dar la vuelta lentamente los polos. En el norte hay una estrella polar que no parece moverse. El sol y la luna aparecen a menudo en dar la vuelta de la misma manera durante el día, saliendo por el este y el establecimiento en el oeste. Esta aparente movimiento circular celeste es debido a la rotación de la tierra alrededor de su *Eje Polar*, de oeste a este.

A crescent moon associated with a setting sun is a waxing moon. A crescent moon associated with a rising sun is a waning moon.

Una luna creciente asociada con una puesta de sol es una luna creciente. Una luna creciente asociado con un sol naciente es una luna menguante.

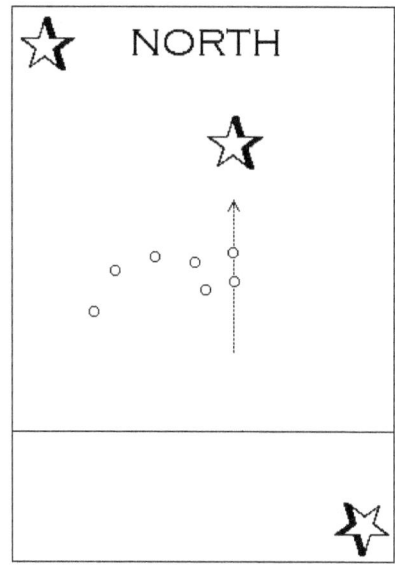

NORTH

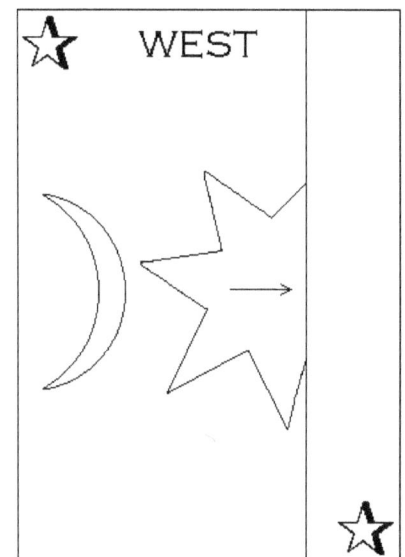

WEST

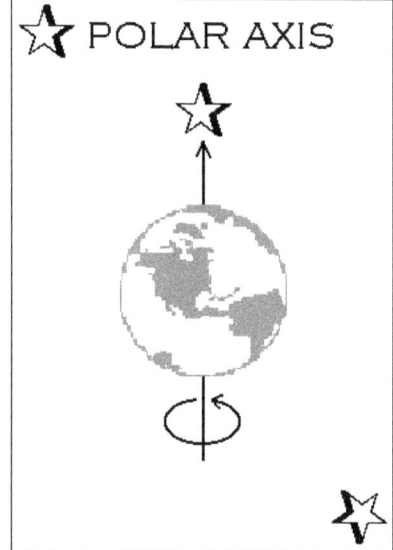

POLAR AXIS

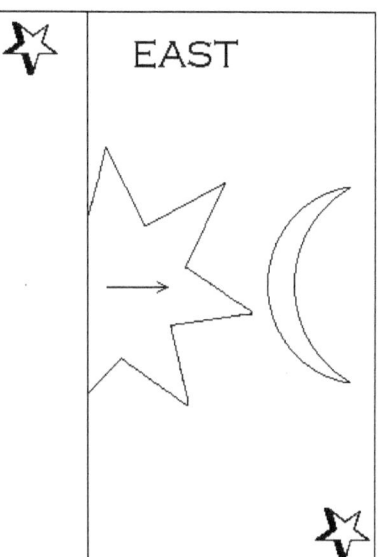

EAST

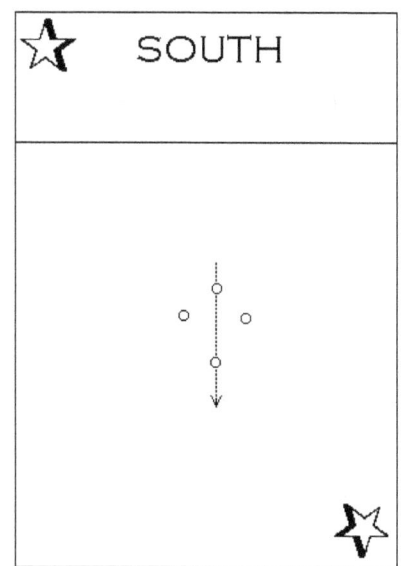

SOUTH

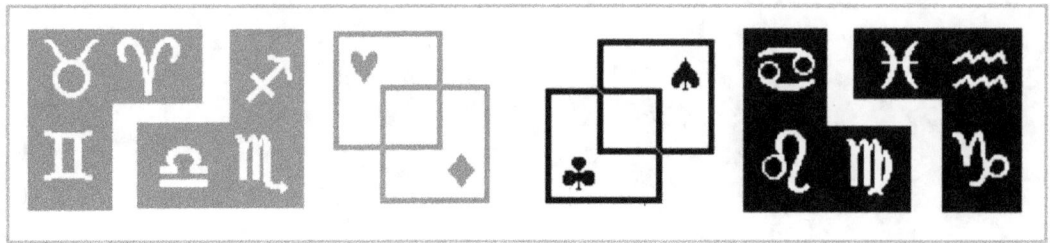

La Eclíptica

Every year the sun appears to retrace a path through the stars, called the ecliptic. The apparent motions of the moon and the planets are confined to a region near the ecliptic. Solar and lunar eclipses only happen when the moon crosses the ecliptic.

Cada año, el sol parece volver sobre un camino a través de las estrellas, llamadas la eclíptica. Los movimientos aparentes de la luna y los planetas están confinadas a una región cerca de la eclíptica. Los eclipses solares y lunares sólo ocurren cuando la Luna cruza la eclíptica.

The moon goes through its phases about 12 times in a year prompting the division of the sun's progress along the ecliptic into twelve sections. These divisions are roughly marked by the constellations of the zodiac. They were devised over 5,000 years ago.

La luna pasa a través de sus fases cerca de 12 veces en un año que provocó la división del progreso del sol a lo largo de la eclíptica en doce secciones. Estas divisiones son más o menos marcadas por las constelaciones del zodiaco. Fueron desarrolladas hace más de 5.000 años.

The 52 cards of a standard deck are divided into 4 equal suits, like a year of 52 weeks divided into 4 seasons. One common convention ranks the suits high to low: spades, hearts, clubs, diamonds, the order used on the Puzzle card back shown on the back cover. Also shown on the back cover, the 12 Ecliptic cards comprise two suits: one associated with the black suits of a standard deck and one associated with the red suits.

Las 52 naipes de una baraja estándar están divididas en 4 palos iguales, como un año de 52 semanas dividido en 4 estaciones. Una convención común clasifica los palos de mayor a menor: picas, corazones, tréboles, diamantes, el orden utilizado en la naipes de Rompecabeza posterior se muestra en la contraportada. También se muestra en la contraportada, las 12 naipes Eclíptica comprenden dos los palos: uno asociado con los los palos negros de una baraja estándar y uno asociado con los los palos rojos.

The sun appears in these constellations on these dates:

El sol aparece en estas constelaciones en estas fechas:

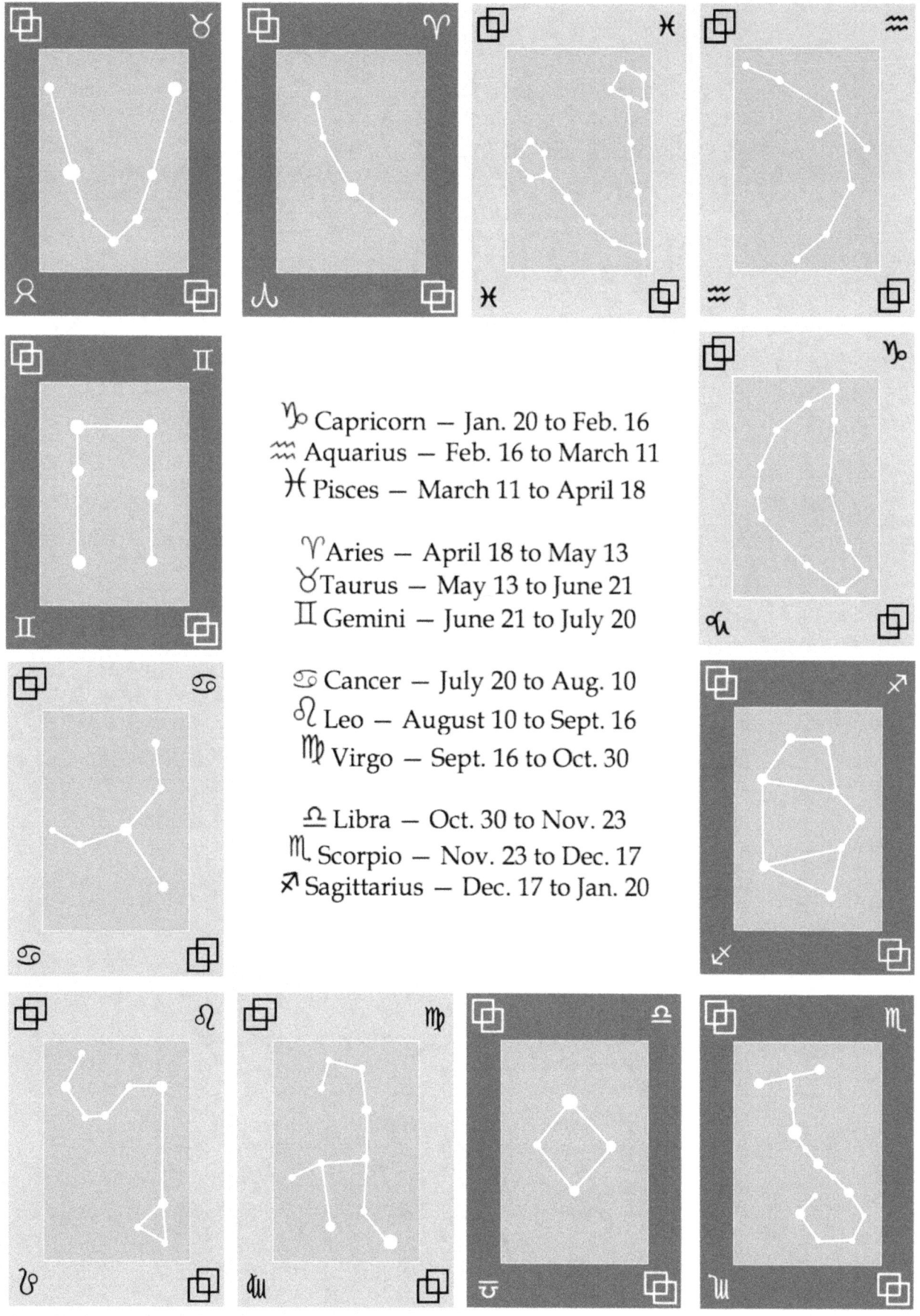

♑ Capricorn — Jan. 20 to Feb. 16
♒ Aquarius — Feb. 16 to March 11
♓ Pisces — March 11 to April 18

♈ Aries — April 18 to May 13
♉ Taurus — May 13 to June 21
♊ Gemini — June 21 to July 20

♋ Cancer — July 20 to Aug. 10
♌ Leo — August 10 to Sept. 16
♍ Virgo — Sept. 16 to Oct. 30

♎ Libra — Oct. 30 to Nov. 23
♏ Scorpio — Nov. 23 to Dec. 17
♐ Sagittarius — Dec. 17 to Jan. 20

♐ ♏ ♎ ♍ ♌ ♋ ♊ ♉ ♈ ♓ ♒ ♑
♑ ♐ ♏ ♎ ♍ ♌ ♋ ♊ ♉ ♈ ♓ ♒
♒ ♑ ♐ ♏ ♎ ♍ ♌ ♋ ♊ ♉ ♈ ♓
♓ ♒ ♑ ♐ ♏ ♎ ♍ ♌ ♋ ♊ ♉ ♈
♈ ♓ ♒ ♑ ♐ ♏ ♎ ♍ ♌ ♋ ♊ ♉
♉ ♈ ♓ ♒ ♑ ♐ ♏ ♎ ♍ ♌ ♋ ♊
♊ ♉ ♈ ♓ ♒ ♑ ♐ ♏ ♎ ♍ ♌ ♋
♋ ♊ ♉ ♈ ♓ ♒ ♑ ♐ ♏ ♎ ♍ ♌
♌ ♋ ♊ ♉ ♈ ♓ ♒ ♑ ♐ ♏ ♎ ♍
♍ ♌ ♋ ♊ ♉ ♈ ♓ ♒ ♑ ♐ ♏ ♎
♎ ♍ ♌ ♋ ♊ ♉ ♈ ♓ ♒ ♑ ♐ ♏
♏ ♎ ♍ ♌ ♋ ♊ ♉ ♈ ♓ ♒ ♑ ♐
♐ ♏ ♎ ♍ ♌ ♋ ♊ ♉ ♈ ♓ ♒ ♑
♑ ♐ ♏ ♎ ♍ ♌ ♋ ♊ ♉ ♈ ♓ ♒

As play things and conversation pieces, Cosmic Puzzle cards can be introduced around age two. Older playmates and caregivers are encouraged to use them with preverbal children for free play or spontaneously structured games. Many familiar games played with a standard deck can be adapted for the Cosmic Puzzle.

Como las cosas de juego y piezas de conversación, el Rompecabezas Cósmico los naipes pueden introducirse en torno a los dos años. Se anima a los compañeros de juego y cuidadores mayores a usar con los niños pre-verbales para el juego libre o juegos estructurados de forma espontánea. Muchos juegos conocidos juega con una baraja estándar pueden ser adaptados para el Rompecabezas Cósmico.

Becoming familiar with the cards is the first step towards using them for conventional card play. The card back is pictured on the back cover and shows how the 52 spades, hearts, clubs, and diamonds, the **12 Ecliptic cards**, and the other **36 Puzzle cards** all fit neatly into a 10 x 10 grid. The 36 are represented by the color of their 6 suit symbols; this provides a quick reference for how many cards are in each suit. The fronts of the 36 are on the front cover. The fronts of the 12 are on the back cover.

Familiarizarse con las los naipes es el primer paso para utilizarlos para un juego de los naipes convencional. La tarjeta de nuevo se representa en la contraportada y muestra cómo los 52 picas, corazones, tréboles y diamantes, las 12 los naipes elíptica, y los otros 36 Puzzle los naipes todos encajan perfectamente en una cuadrícula de 10 x 10. El 36 están representados por el color de sus 6 símbolos del juego; esto proporciona una referencia rápida para el número de lose naipes se encuentran en cada palo. Los frentes de los 36 están en la portada. Los frentes de los 12 están en la contraportada.

Included in the Millennium Edition, but not shown on the book cover are **6 Text cards**, which give rhyming clues in English about the meaning of each question suit. The 6 Text cards may be included in their respective suits, used as spares, or wild cards. A **Title card** is included, too, but not shown on the book cover. It is best used as a wild card or set aside for use as a spare.

Se incluyen en la edición del Milenio, pero que no aparecen en la portada del libro de texto son 6 los naipes, que dan pistas con rimas en Inglés sobre el significado de cada palo cuestión. Las 6 cartas de texto se pueden incluir en sus respectivos palos, utilizados como repuestos, o comodines. Una tarjeta de título se incluye, también, pero no aparece en la portada del libro. Lo mejor es utilizado como comodín o dejar de lado para su uso como un repuesto.

Matrix

The 12 Ecliptic cards, the other 36 Puzzle cards, and the 6 Text cards are arranged on six 3x3 grids, as shown below. The same grids are printed two to a page on following pages. Those can be cut out or copied and used in play. Grids are distributed equally, one or more to a player.

Las 12 los naipes eclíptica, los otros 36 naipes de Rompecabezas, y los 6 los naipes de texto están dispuestos en seis rejillas de 3x3, como se muestra a continuación. Las mismas redes se imprimen dos a una página en las páginas siguientes. Los que se pueden cortar o copiar y utilizar en el juego. Las rejillas se distribuyen por igual, uno o más para un jugador.

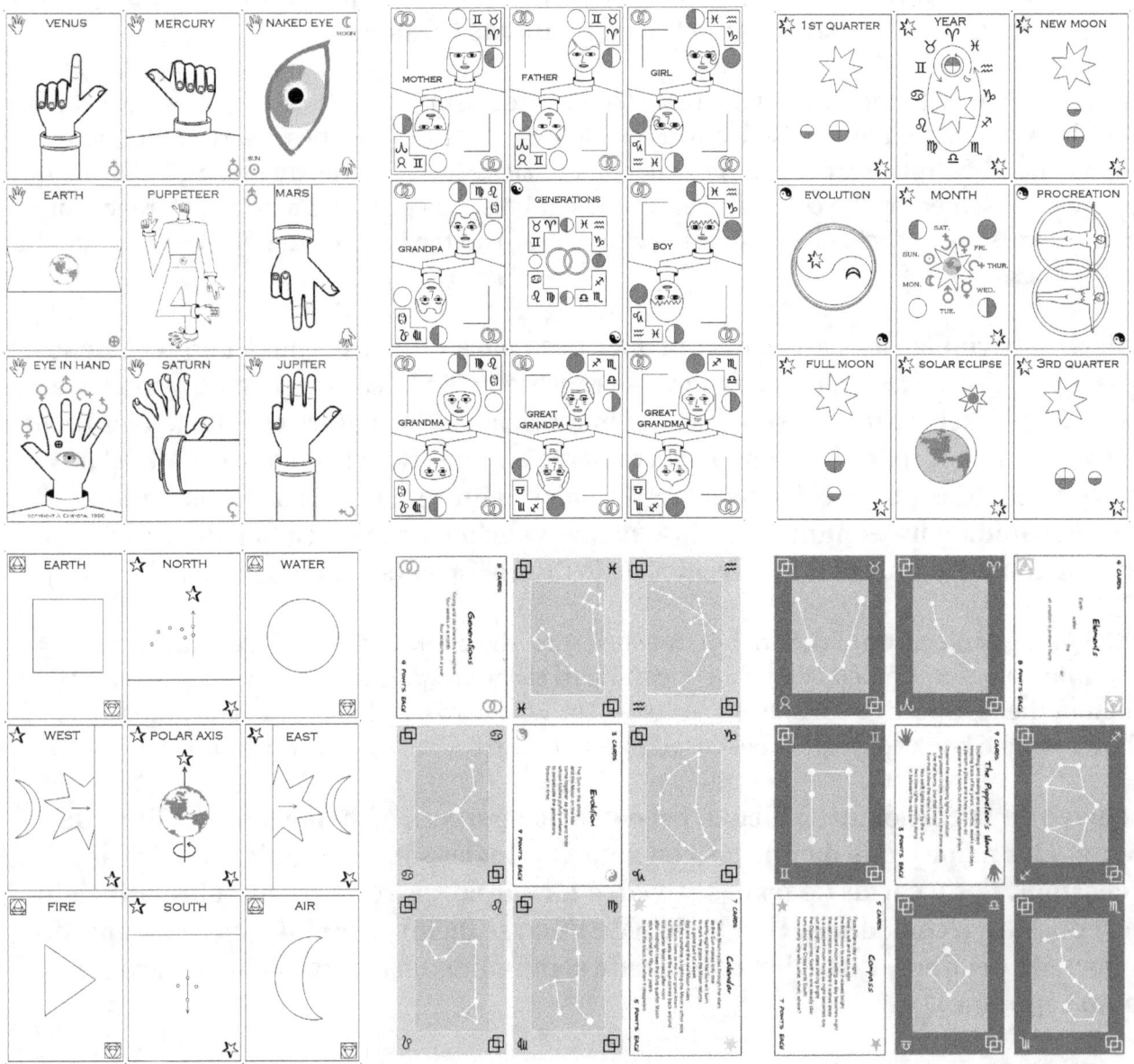

Each player starts with 9 tokens (such as pennies) for each grid being played. The deck is shuffled well and placed face down. Cards are turned up one at a time. If a card appears on a player's grid, a token is placed on the space where it appears. The first player to get 3 tokens in a line (row, column, or diagonal) and declare a "matrix" wins the round. All players surrender the tokens they have placed so far to the winner of the round. Between rounds players exchange 1 or more grids and the whole deck is shuffled well. Play continues until any player has fewer than 3 tokens between rounds, or some other agreed upon time limit is reached, or number of rounds has been played. The player with the most tokens wins.

Cada jugador comienza con 9 fichas (tales como monedas de un centavo) por cada cuadrícula que se está reproduciendo. Los naipes se barajan bien y se coloca boca abajo. Los naipes se esperan el uno a la vez. Si aparece una naipe en la parrilla de un jugador, una muestra se coloca en el espacio en el que aparece. El primer jugador que consigue 3 fichas en una línea (fila, columna o diagonal) y declarar una "matriz" gana la ronda. Todos los jugadores se entregan las fichas han introducido hasta el momento para el ganador de la ronda. Entre las rondas los jugadores intercambian 1 o más rejillas y toda la cubierta se barajan también. El juego continúa hasta que un jugador tiene menos de 3 fichas entre rondas, o algún otro acordados tiempo límite se alcanza, o el número de rondas se ha jugado. El jugador con más fichas gana.

3D Matrix

Similar to Matrix, but for 2 players each playing 3 grids, as if stacked in layers. Before each round players take turns choosing and arranging new grids. In addition to row, column, and diagonal alignments on a single layer, 3 tokens may be lined up one layer to the next as if stacked vertically or diagonally.

Al igual que en Matrix, pero para 2 jugadores cada uno jugando 3 rejillas, como si se apilan en capas. Antes de cada ronda los jugadores se turnan para elegir y organizar nuevas redes. Además de fila, columna y las alineaciones diagonales en una sola capa, 3 tokens pueden ser alineados una capa a la siguiente, como si apilados verticalmente o diagonalmente.

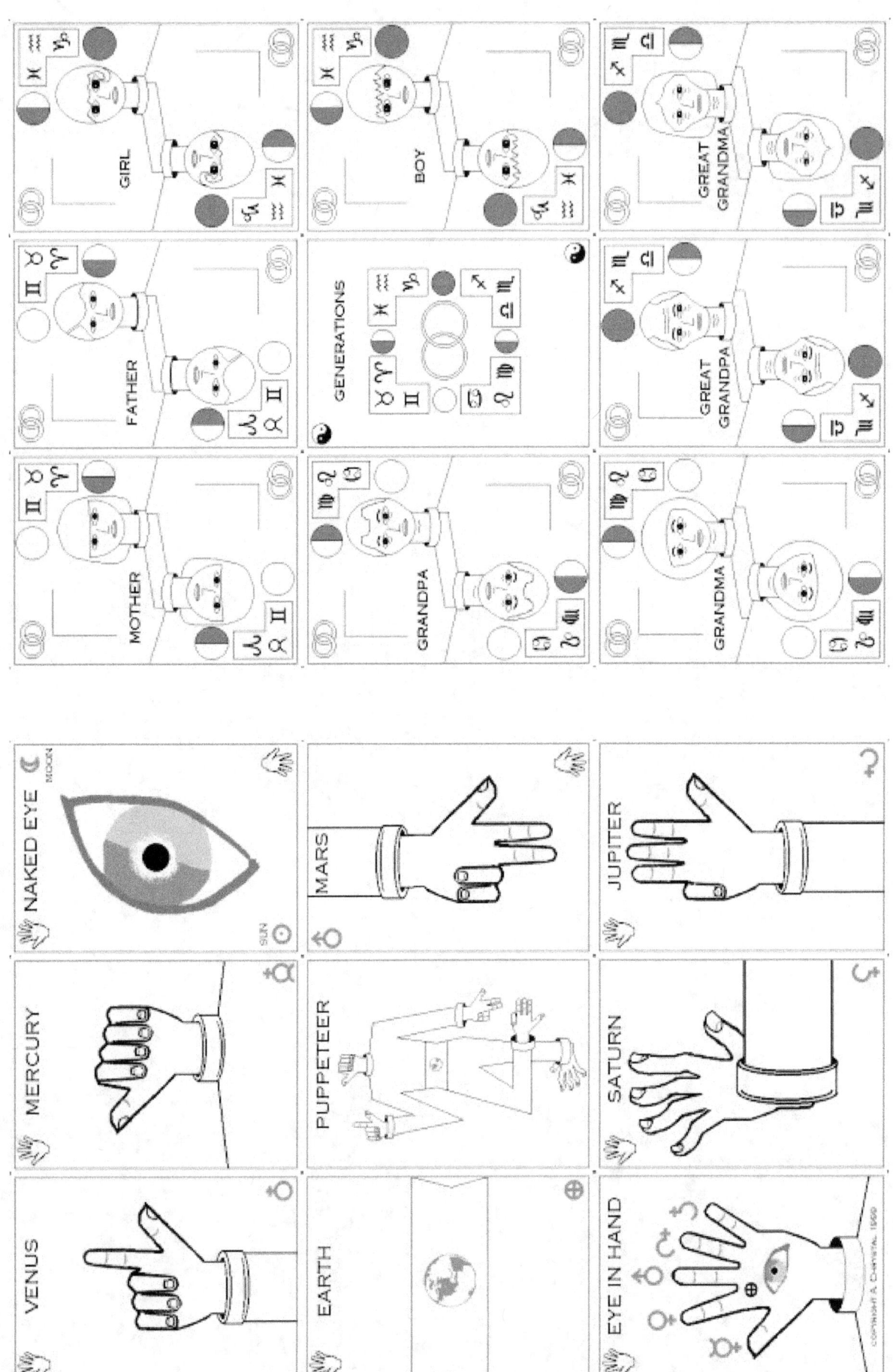

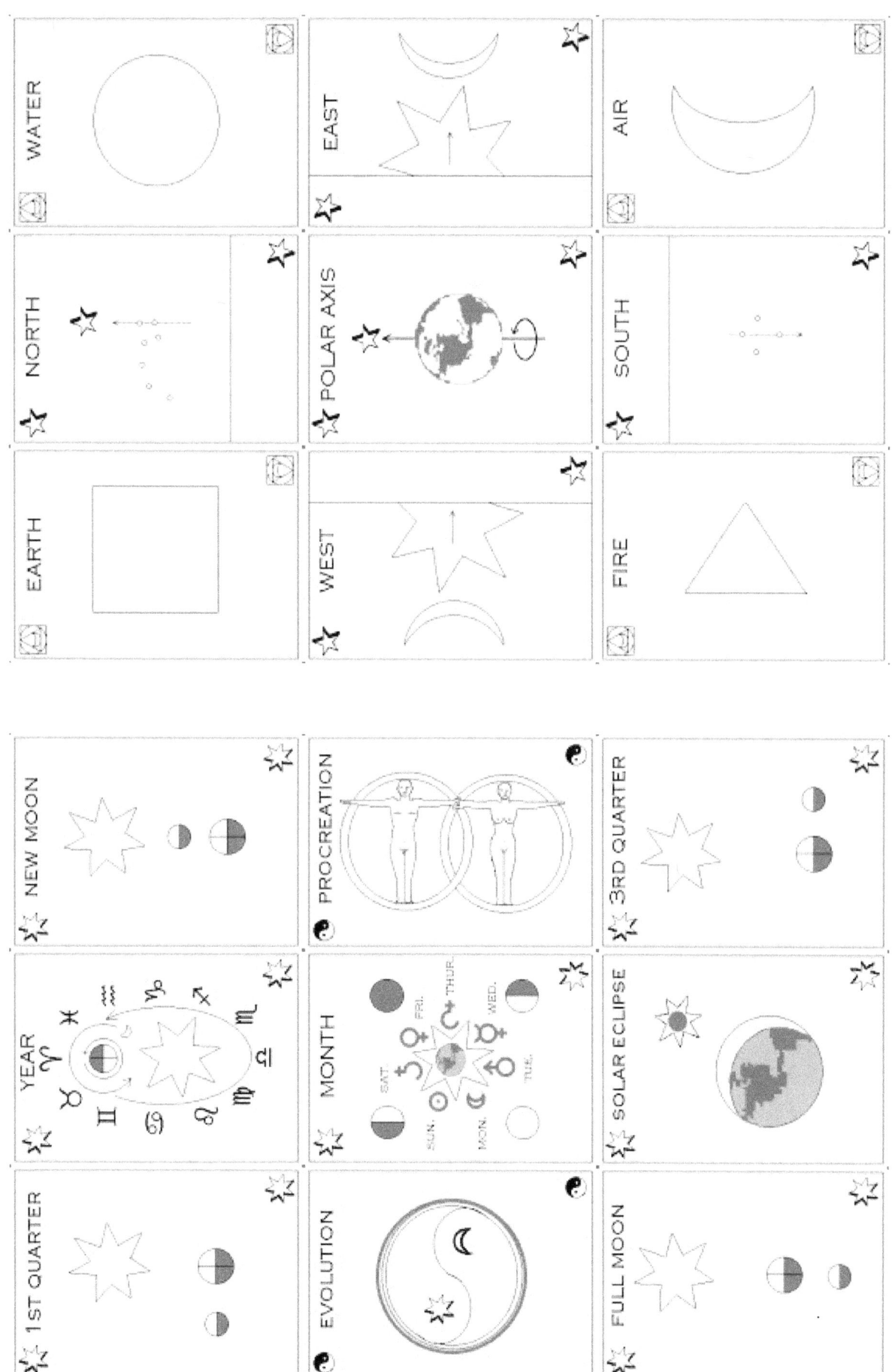

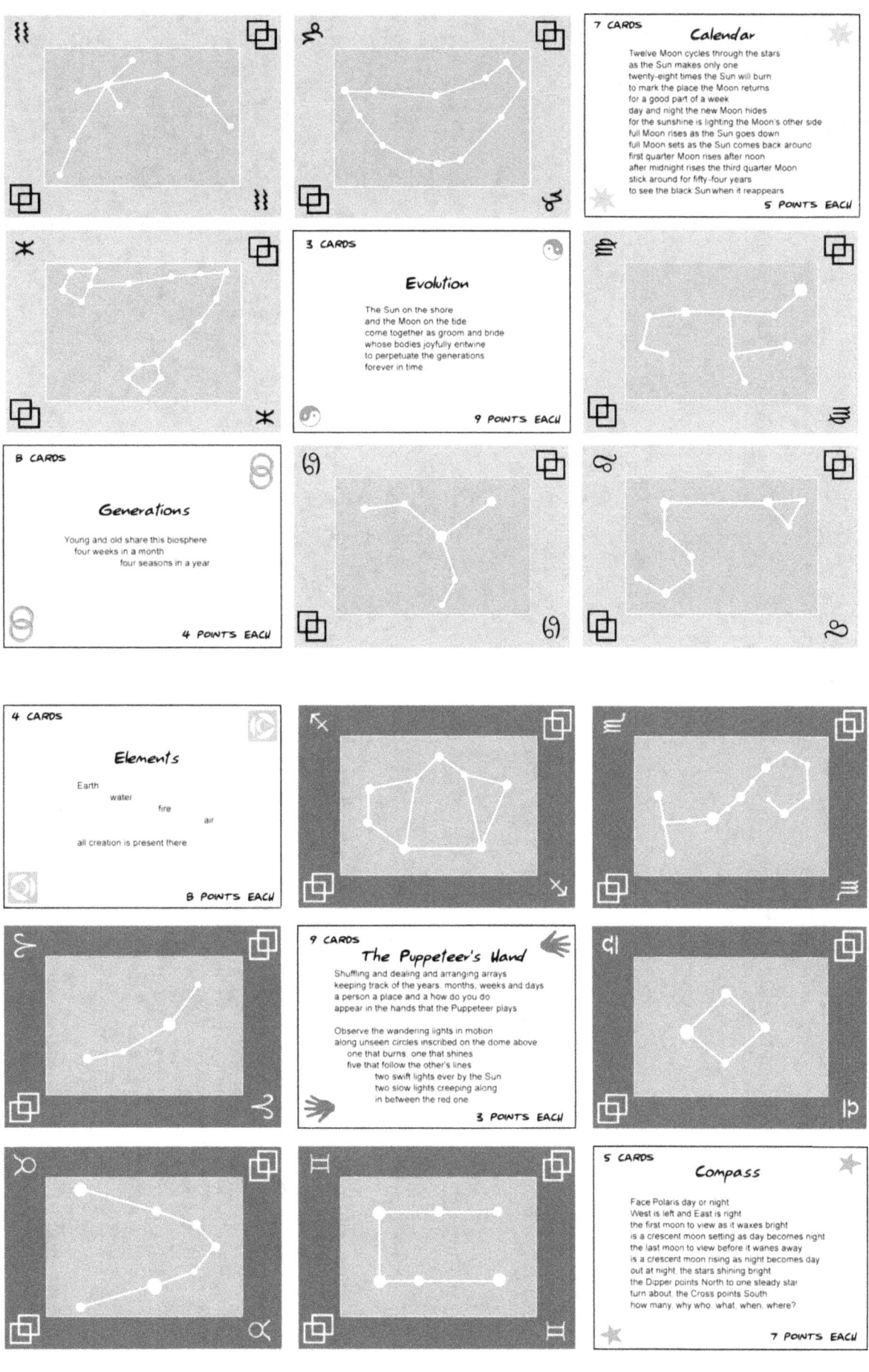

Calendar — 7 CARDS

Twelve Moon cycles through the stars
as the Sun makes only one
twenty-eight times the Sun will burn
to mark the place the Moon returns
for a good part of a week
day and night the new Moon hides
for the sunshine is lighting the Moon's other side
full Moon rises as the Sun goes down
full Moon sets as the Sun comes back around
first quarter Moon rises after noon
after midnight rises the third quarter Moon
stick around for fifty-four years
to see the black Sun when it reappears

5 POINTS EACH

Evolution — 3 CARDS

The Sun on the shore
and the Moon on the tide
come together as groom and bride
whose bodies joyfully entwine
to perpetuate the generations
forever in time.

9 POINTS EACH

Generations — 8 CARDS

Young and old share this biosphere
four weeks in a month
four seasons in a year

4 POINTS EACH

Elements — 4 CARDS

Earth
water
fire
air

all creation is present there

8 POINTS EACH

The Puppeteer's Hand — 9 CARDS

Shuffling and dealing and arranging arrays
keeping track of the years, months, weeks and days
a person a place and a how do you do
appear in the hands that the Puppeteer plays.

Observe the wandering lights in motion
along unseen circles inscribed on the dome above
one that burns, one that shines
five that follow the other's lines
two swift lights ever by the Sun
two slow lights creeping along
in between the red one.

3 POINTS EACH

Compass — 5 CARDS

Face Polaris day or night
West is left and East is right
the first moon to view as it waxes bright
is a crescent moon setting as day becomes night
the last moon to view before it wanes away
is a crescent moon rising as night becomes day
out at night, the stars shining bright
the Dipper points North to one steady star
turn about, the Cross points South
how many, why who, what, when, where?

7 POINTS EACH

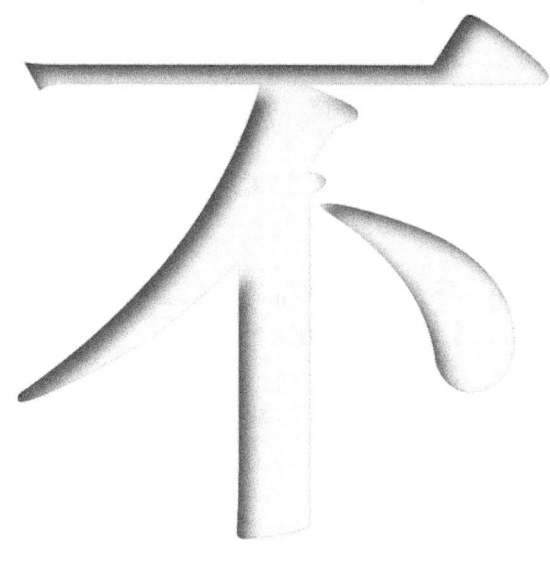

bú shì

Meaning "is not", or "no"; literally "not is".
Literalmente "no es".

This sort of bluffing and challenging game is known by many names when played with standard playing cards.

Este tipo de farol y desafiante juego es conocido por muchos nombres cuando se juega con naipes de juego estándar.

For 3 or more players, the object is to be the first to get rid of all the cards in your hand. Remove the Title card and the 12 Ecliptic cards from the deck. Shuffle and deal the remaining 42 cards evenly to all players, using any cards left over to start the discard pile face down in the middle of the play area.

Durante 3 o más jugadores, el objetivo del juego es ser el primero en deshacerse de todas los naipes en la mano. Retire la nape de Título y las 12 cartas de la baraja Eclíptica. Barajar y dar de las 42 naipes restantes de manera uniforme a todos los jugadores, utilizando cualquier naipe de sobra para comenzar la cara pila de descartes en el medio de la zona de juegos.

Players take turns discarding onto the pile while verbally asserting the number and suit of the cards shed. Every player in turn must assert that they are discarding at least 1 card from the featured suit. The featured suits proceed through the rainbow. The 1st player asserts that they are discarding red ✋, the 2nd player asserts that they are discarding orange ⊖, the next yellow ✴, then green ☆, blue ◬, and violet ☯. Then start again with red.

Los jugadores se turnan descartando a la pila al tiempo que afirma verbalmente el número y el palo de los naipes derramar. Cada jugador a su vez, debe afirmarse que se hallan descartando al menos 1 naipe del palo de las funciones. Los palos destacados proceden a través del arco iris. La primera afirma que el jugador se descartan rojo ✋, el segundo jugador afirma que descartan naranja ⊖, la próxima Amarillo ✴, luego verde ☆, azul ◬, y violeta ☯. A continuación, empezar de nuevo con el rojo.

If one player suspects that any of another player's cards **IS NOT** what they say it is, they may challenge the other player by immediately declaring **"bú shì!"** before anyone else discards. The challenged player then has to turn face up all the cards they just discarded. If they were bluffing they have to add the entire discard pile to their hand. If they weren't bluffing the challenger must add the entire discard pile to their hand.

Si un jugador sospecha que cualquiera de los naipes de otro jugador NO lo que dicen que ES, pueden desafiar a otro jugador al declarar inmediatamente "bú shì!" Antes de que nadie los descartes demás. El jugador desafiado a continuación, tiene que girar boca arriba todos los naipes que sólo desechados. Si estaban mintiendo tienen que añadir toda la pila de descartes a su lado. Si no eran un farol en el retador debe añadir toda la pila de descartes a su lado.

solitario

Suitable for coloring and for solitary play such as sorting or matching activities, the 54 Puzzle and Text cards in the Millennium Edition of The Puppeteer's Cosmic Puzzle are presented below as grids of labeled line drawings, 9 cards to a page. These are nearly to scale and serve as a reference for learning the names of the cards as well as the meaning of the sun/moon/planet ciphers, and their associated weekdays.

Adecuado para pintar y el juego solitario como clasificación o actividades a juego, el Rompecabezas y Texto 54 los naipes en el Millennium Edition de Rompecabeza Cósmico del Titiritero se presentan a continuación como rejillas de dibujos de líneas marcadas, 9 naipes para una página. Estos son casi a escala y servir de referencia para el aprendizaje de los nombres de las los naipes, así como el significado de las cifras del sol / luna / planeta, y sus asociados los días de semana.

For other games, go to:
cosmicpuzzle.com/games.htm

For tips on pseudopsychic readings, go to:
cosmicpuzzle.com/divination.htm

For the related board game Total Eclipse, go to:
thegamecrafter.com/games/total-eclipse

不是不是不是不

是不是不是不是

不是不是不是不

是不是不是不是

不是不是不是不

是不是不是不是

不是不是不是不

是不是不是不是

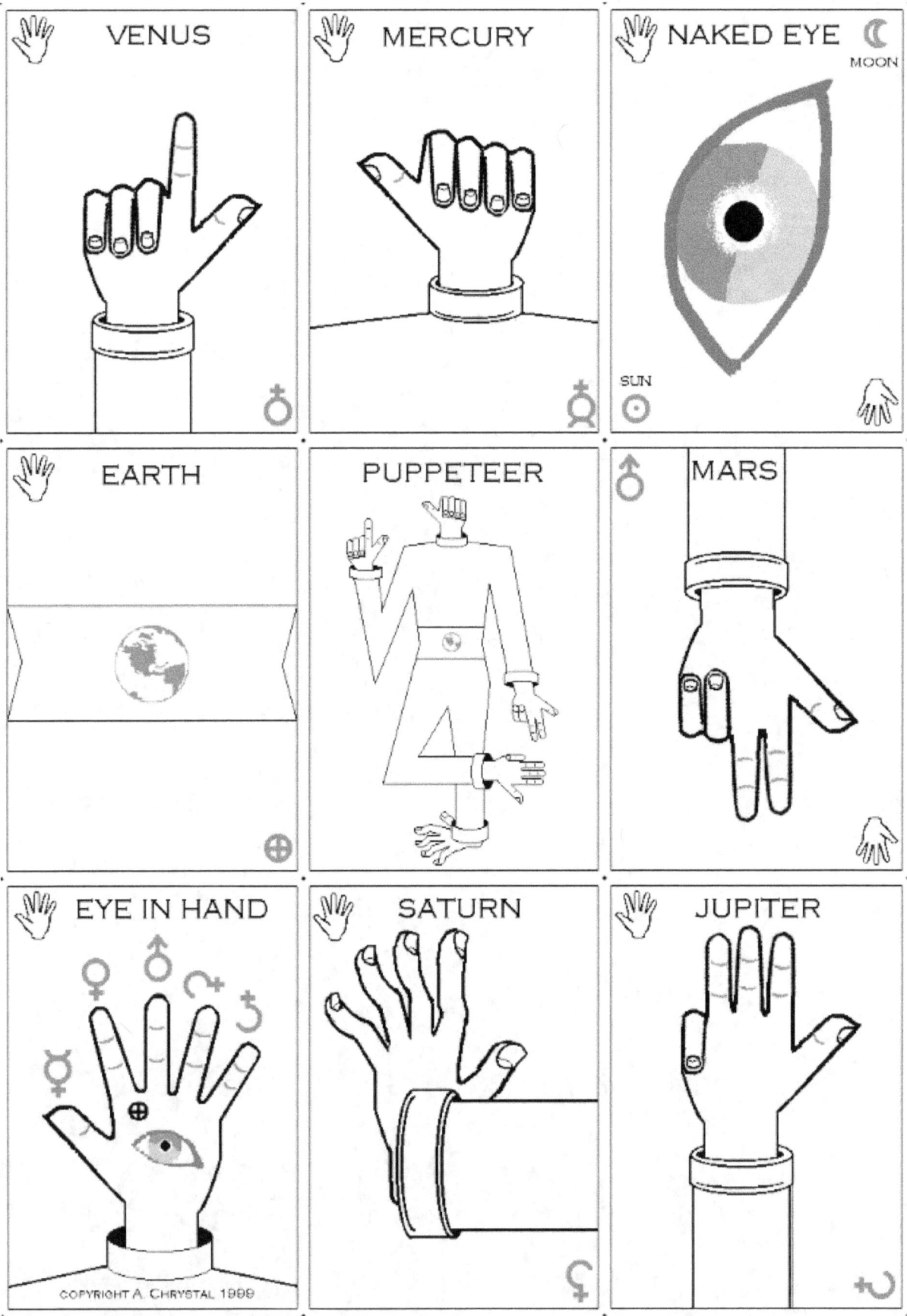

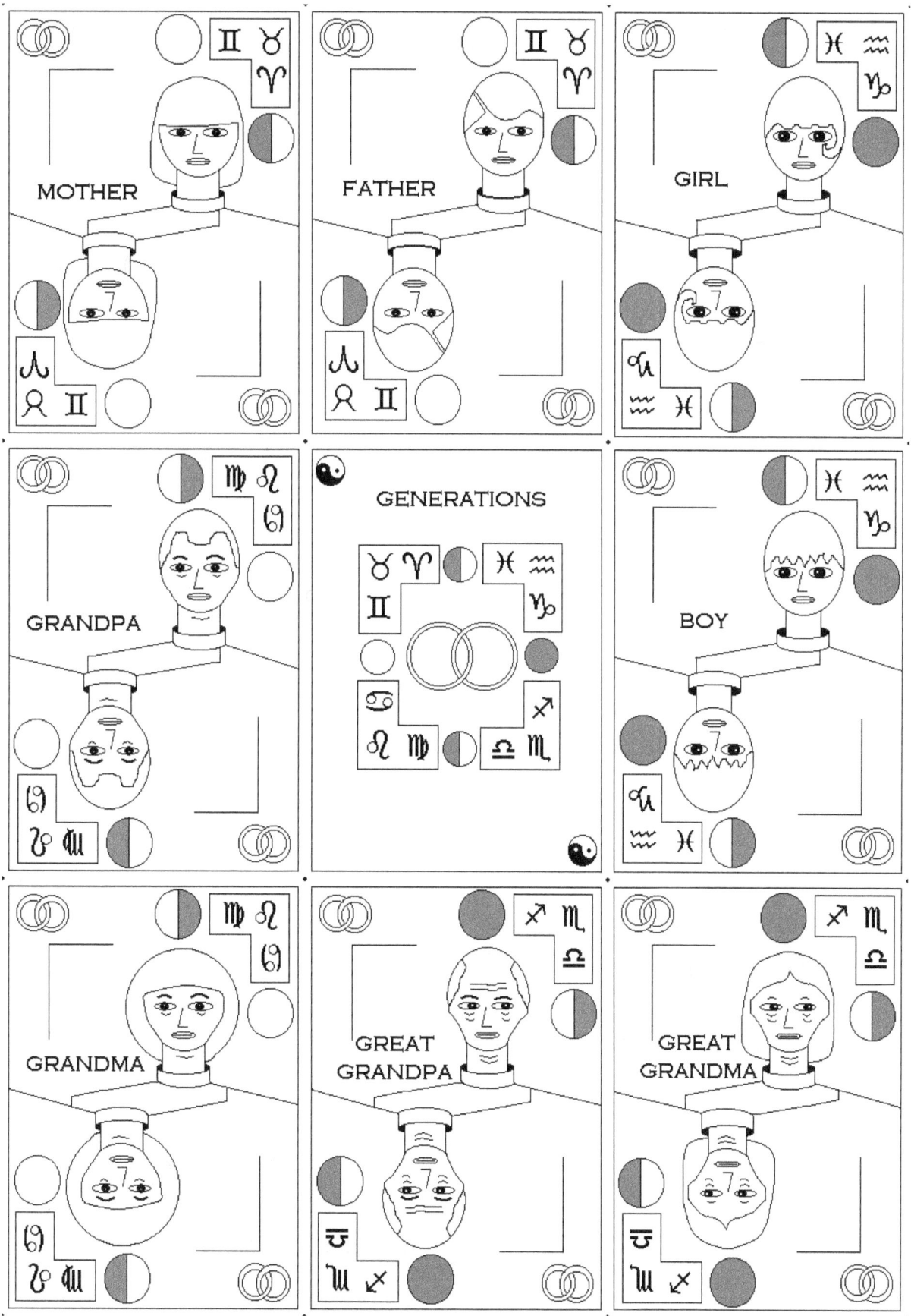

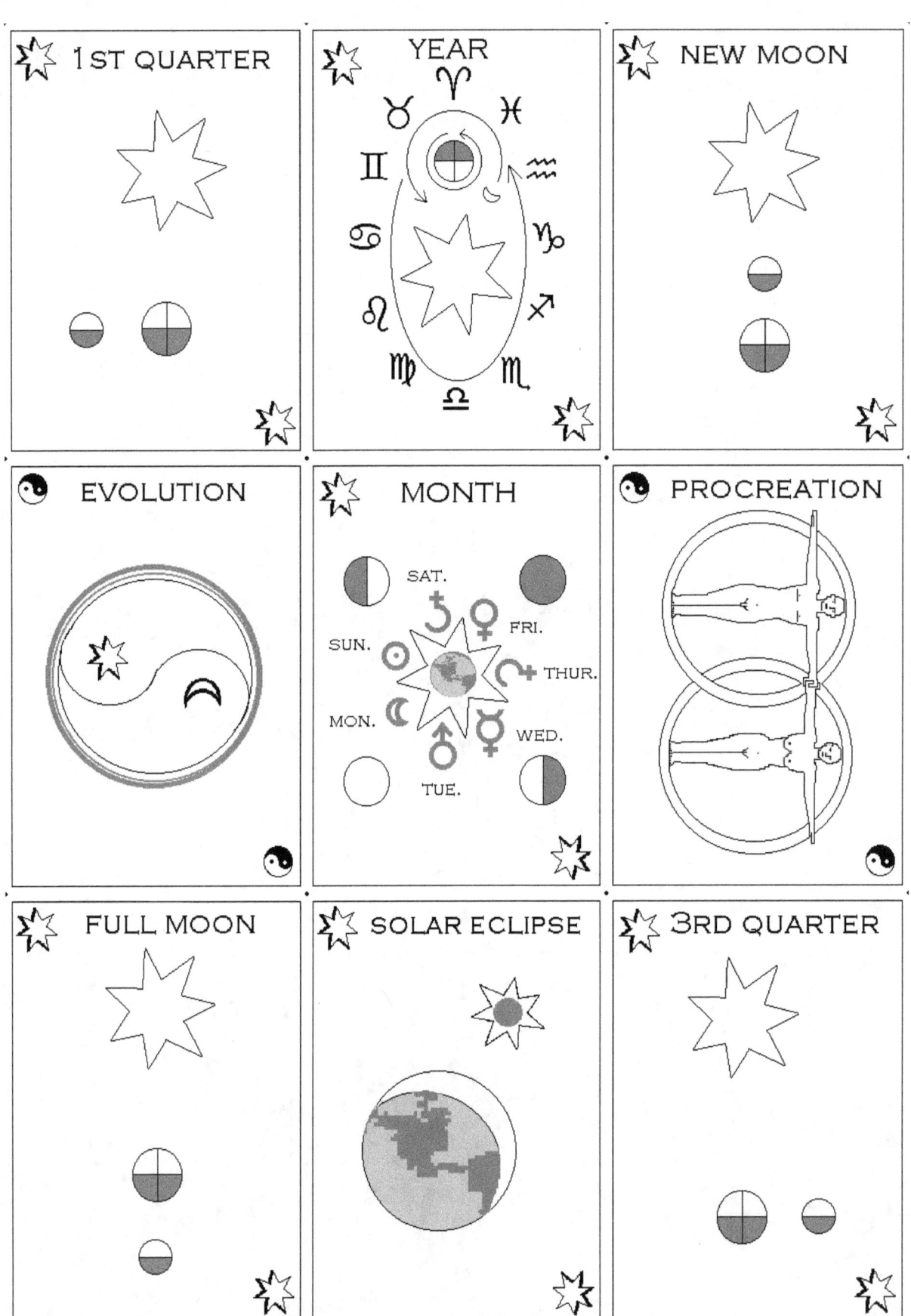

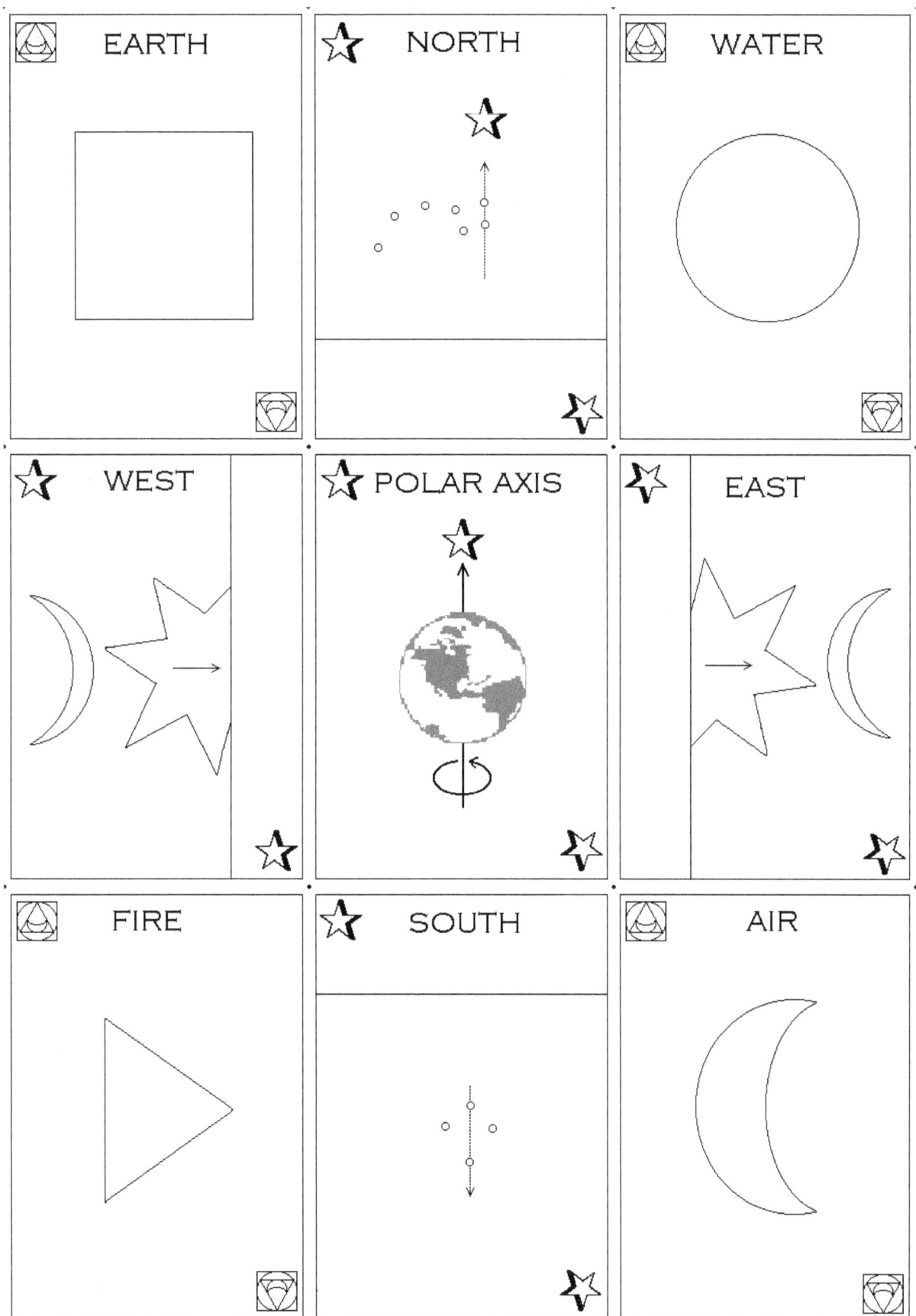

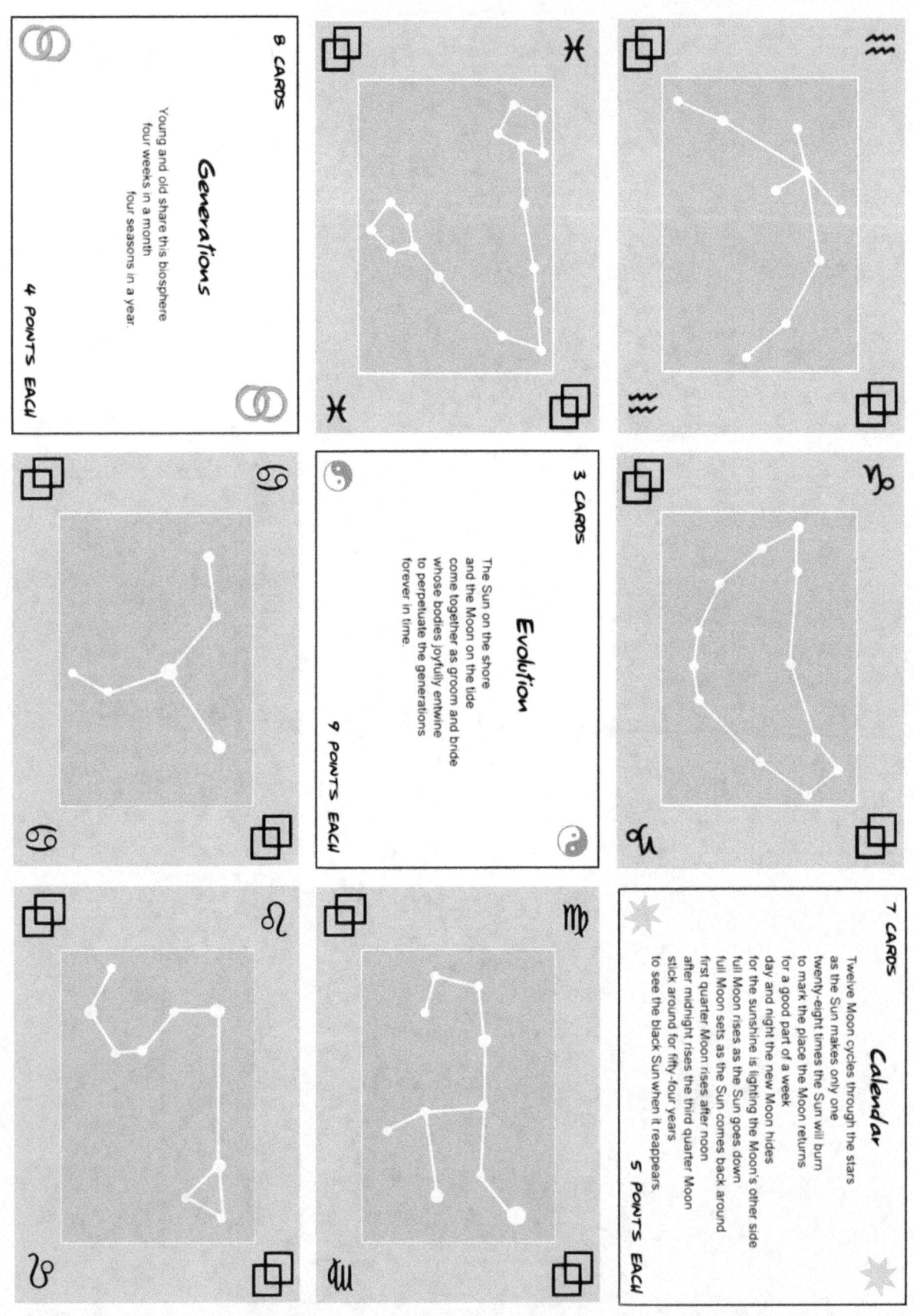

B CARDS

Generations

Young and old share this biosphere
four weeks in a month
four seasons in a year.

4 POINTS EACH

3 CARDS

Evolution

The Sun on the shore
and the Moon on the tide
come together as groom and bride
whose bodies joyfully entwine
to perpetuate the generations
forever in time.

9 POINTS EACH

7 CARDS

Calendar

Twelve Moon cycles through the stars
as the Sun makes only one
twenty-eight times the Sun will burn
to mark the place the Moon returns
for a good part of a week
day and night the new Moon hides
for the sunshine is lighting the Moon's other side
full Moon rises as the Sun goes down
full Moon sets as the Sun comes back around
first quarter Moon rises after noon
after midnight rises the third quarter Moon
stick around for fifty-four years
to see the black Sun when it reappears.

5 POINTS EACH

Elements

Earth

water

fire

air

all creation is present there

8 POINTS EACH

---

9 CARDS

The Puppeteer's Hand

Shuffling and dealing and arranging arrays
keeping track of the years, months, weeks and days
a person a place and a how do you do
appear in the hands that the Puppeteer plays

Observe the wandering lights in motion
along unseen circles inscribed on the dome above
one that burns, one that shines
five that follow the other's lines
two swift lights ever by the Sun
two slow lights creeping along
in between the red one.

3 POINTS EACH

---

5 CARDS

Compass

Face Polaris day or night
West is left and East is right
the first moon to view as it waxes bright
is a crescent moon setting as day becomes night
the last moon to view before it wanes away
is a crescent moon rising as night becomes day
out at night, the stars shining bright
the Dipper points North to one steady star
turn about, the Cross points South
how many, why who, what, when, where?

7 POINTS EACH

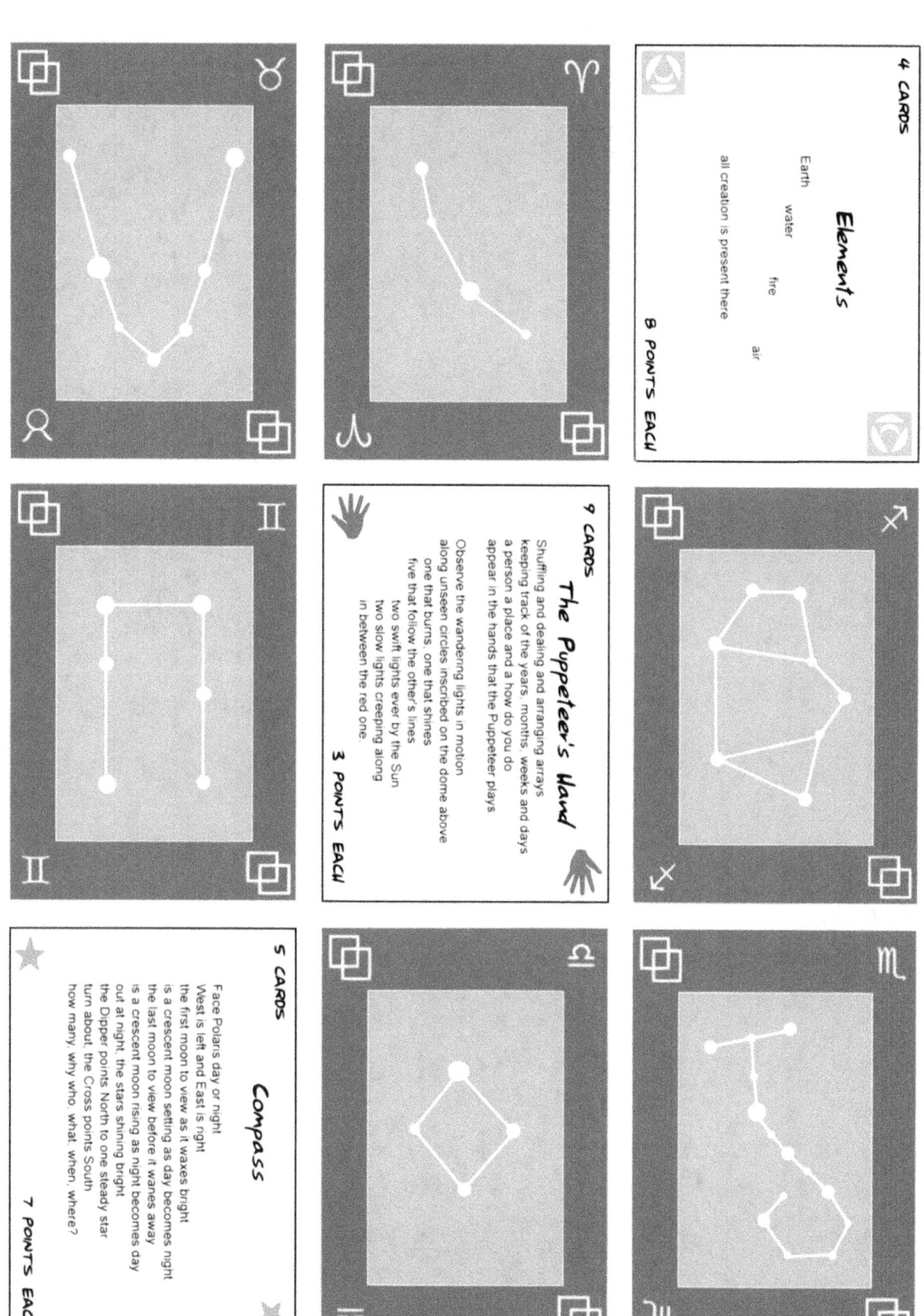

www.ingramcontent.com/pod-product-compliance
Lightning Source LLC
Chambersburg PA
CBHW081001220526

45467CB00008B/2645